BREVI LEZIONI
DI FISICA

dall'identità del tempo
alla fisica quantistica

Alessio Mangoni

©2020 Alessio Mangoni. Tutti i diritti riservati.
ISBN: 9798637758548

Dr. Alessio Mangoni, PhD

Scienziato e fisico teorico delle particelle, attivo nel campo della fisica delle alte energie e della fisica nucleare, autore di numerosi articoli di ricerca scientifica pubblicati su riviste internazionali, consultabili al link:

http://inspirehep.net/author/profile/A.Mangoni.1

https://www.alessiomangoni.it

I edizione, Aprile 2020

Indice

Indice 5

Introduzione 7

1 I neutrini e il Sole 9

2 La relatività del tempo 31

3 La teoria dei quanti 55

4 Le particelle della natura 69

5 Gli atomi e la materia 89

Introduzione

Dalle particelle fondamentali della natura al mondo dei quanti, fino all'identità misteriosa del tempo, una panoramica della fisica che passa per le teorie più affascinanti mai elaborate dall'uomo, come la teoria della relatività di Einstein e la fisica quantistica. Iniziamo con le reazioni nucleari nel Sole che producono l'energia indispensabile per la nostra esistenza, ma anche neutrini, particelle elusive che viaggiano nel cosmo quasi indisturbate, fornendo i dettagli più interessanti che la fisica ci insegna. Si esplora l'identità del tempo, così come la fisica relativistica ne ha rivoluzionato il significato e l'interpretazione, per poter comprendere al meglio il suo ruolo nella natura. Si discute della teoria dei quanti, pilastro della fisica moderna, piena di sorprendenti novità, che si è fatta strada passando per esperimenti inspiegabili e misteriosi meccanismi che regolano il mondo del microscopico. Si esplorano le zone più minute del tessuto dello spazio, dove risiedono le particelle, costituenti fondamentali di tutta la materia e responsabili delle interazioni fondamentali, tra cui elettromagnetismo e forze nucleari.

I neutrini e il Sole

Il Sole è la stella a noi più vicina e ci illumina ogni giorno grazie alla radiazione elettromagnetica che ha origine al suo interno, dovuta alle reazioni nucleari. I neutrini sono particelle elementari, puntiformi, di massa quasi nulla che interagiscono molto poco con la materia che incontrano. Cosa accomuna dunque il Sole, di massa e dimensioni enormi, con i neutrini? La risposta è semplice, nel nucleo del Sole avvengono reazioni nucleari e alcune di queste producono neutrini che escono dall'interno del Sole, quasi indisturbati, attraversando la sua superficie, per poi propagarsi nello spazio circostante, fino a raggiungere la Terra.

Il Sole ha una massa dell'ordine di mille miliardi di miliardi di miliardi di chilogrammi, cioè

$$M_{\text{sole}} \simeq 1.99 \cdot 10^{30} \text{ kg},$$

un diametro medio di circa 1.4 milioni di chilometri e dista dalla Terra in media circa 150 milioni di chilometri. La sua temperatura superficiale è di circa 5500 gradi Celsius (°C), mentre quella interna è dell'ordine delle decine di milioni di gradi Celsius (circa 16 milioni). Nel passaggio dalla temperatura superficiale a quella interna si ha un fattore moltiplicativo di circa 2900.

In fisica si utilizzano i kelvin (K) per misurare la temperatura, dove 0 K corrispondono a $-273.15°$C ed è la temperatura più bassa raggiungibile nell'Universo. La temperatura ambiente di 20°C corrisponde a 293.15 K. Per passare da gradi Celsius a kelvin e viceversa si possono usare le seguenti formule

$$T_{°C} = T_K - 273.15, \quad T_K = T_{°C} + 273.15.$$

I NEUTRINI E IL SOLE

Un corpo incandescente come il Sole emette radiazione elettromagnetica con una frequenza di picco nel visibile, appare infatti ai nostri occhi con tonalità di colore giallo, a causa anche della diffusione luminosa nell'atmosfera terrestre. Il picco di frequenza dipende dalla temperatura superficiale, valore che tiene conto di tutti i processi che avvengono all'interno. Il Sole e il filamento di tungsteno di una lampadina accesa in casa appaiono di colore simile perché hanno simili temperature superficiali! Il filamento di tungsteno può arrivare a temperature di circa 2700 K. Affermare che il Sole ha una temperatura dello stesso ordine di grandezza del filamento di una lampadina non è scorretto, a patto che ci si riferisca alla temperatura superficiale. Se andiamo verso l'interno, però, il Sole dimostra di essere molto più caldo, fino appunto alle decine di milioni di gradi. A queste temperature, grazie ad un meccanismo quantistico detto effetto tunnel, alcuni nuclei atomici (prima i più leggeri, come il nucleo di idrogeno, che è essenzialmente un protone) possono avvicinarsi a tal punto da far prevalere la forza nucleare forte e innescare la cosiddetta fusione nucleare. Due nuclei atomici generici, essendo composti da neutroni (di carica elettrica nulla) e protoni (di carica elettrica positiva), hanno carica elettrica complessivamente positiva e tendono a respingersi a causa della forza elettromagnetica, che per cariche elettriche dello stesso segno è repulsiva. Questa forza aumenta, in modulo, in modo inversamente proporzionale al quadrato della distanza r tra i nuclei

$$F \propto \frac{1}{r^2}$$

ed è maggiore se questi contengono un gran numero di protoni (è proporzionale al prodotto delle cariche elettriche dei due nuclei). Se ipotizziamo un nucleo fermo (per semplicità, altrimenti dovremmo introdurre una velocità relativa), l'energia che un altro nucleo deve avere per potersi avvicinare ad una certa distanza da esso aumenta con il reciproco della loro distanza (a differenza della forza repulsiva che aumenta con il quadrato del reciproco della distanza). Nel Sole l'energia cinetica di questi nuclei, energia dovuta al movimento che, per casi non relativistici (cioè per velocità molto minori di quella della luce) è data dalla metà del prodotto della massa m per la velocità v al quadrato

$$E_c = \frac{1}{2}mv^2$$

è di natura termica. Più elevata è la temperatura e maggiore sarà la loro energia cinetica (l'energia termica è dell'ordine della costante di Boltzmann moltiplicata per la temperatura). Facendo un rapido calcolo si osserva che l'energia cinetica media dei nuclei all'interno del Sole (dove la temperatura è dell'ordine delle decine di milioni di gradi Celsius) non sarebbe sufficiente, da sola, a far avvicinare i nuclei di idrogeno (e dunque tantomeno quelli più pesanti di elio o carbonio o altri elementi) fino a distanze dell'ordine del fermi, detto anche femtometro, che equivale a un milionesimo di miliardesimo di metro,

$$1 \text{ fm} = 1 \cdot 10^{-15} \text{ m}.$$

Questa è infatti la distanza alla quale agisce la forza nucleare forte, attrattiva, tra i nucleoni (con nucleoni si intendono protoni e neutroni, cioè i costituenti del nucleo atomico). In breve, due nuclei (avendo carica elettrica positiva) tendono a respingersi a causa della forza elettromagnetica a meno che non riescano ad avvicinarsi a distanze dell'ordine del fermi dove agisce la forza nucleare forte che è attrattiva, più intensa e può innescare la fusione nucleare. Come accennato, le temperature all'interno del Sole, anche se relativamente elevate, non sono sufficienti, da sole, ad innescare la fusione nucleare. Perché allora questo fenomeno avviene nel Sole? Il motivo risiede nell'effetto quantistico, detto effetto tunnel. I nuclei sono particelle molto piccole, per cui gli effetti della meccanica quantistica sono non trascurabili. In particolare l'effetto tunnel prevede una probabilità non nulla per una particella di superare una barriera di energia potenziale maggiore dell'energia che possiede (la barriera, in questo caso, è dovuta alla repulsione elettromagnetica discussa precedentemente). Questa probabilità dipende dalla larghezza spaziale della barriera e da quanto è più grande il suo valore energetico rispetto all'energia della particella che prova a superarla. Grazie all'effetto tunnel, combinato con le elevate temperature del Sole, avviene la fusione nucleare. Dai calcoli emerge infatti che la probabilità che questo fenomeno avvenga è non trascurabile. All'interno del Sole sono presenti moltissimi nuclei di idrogeno che, grazie alla fusione nucleare, formano il deuterio. Durante questa fusione uno dei due protoni (ricordiamo che il nucleo di idrogeno è un protone) si trasforma in un neutrone grazie all'interazione nucleare debole (una delle quattro forze fondamentali della natura insieme all'interazione nucleare forte, a quell'elettromagnetica e a quella gravitazionale). Questa trasformazione prende il nome di decadimento β^+ e prevede che un protone all'interno di un nucleo si trasformi in tre particelle: un neutrone che rimane nel nucleo, un positrone (anti-particella dell'elettrone) che viene emesso e un neutrino elettronico che esce indisturbato (interagisce debolmente). Esiste anche il decadimento β^- in cui un neutrone si trasforma in un protone, un elettrone e un anti-neutrino elettronico. Dato che la massa del neutrone è leggermente maggiore di quella del protone il decadimento β^- avviene anche per neutroni liberi (cioè non legati dalla forza nucleare in un nucleo). Per questo motivo il neutrone libero ha una vita media di poco più di quindici minuti, prima di decadere.

Nel Sole, dove avvengono decadimenti β, vengono prodotti moltissimi neutrini (e anti-neutrini) e una parte di essi raggiunge la Terra. In una stella generica, come nel Sole, a seconda della temperatura interna, possono avvenire reazioni di fusione anche tra nuclei più pesanti dell'idrogeno, come ad esempio l'elio, il carbonio e l'ossigeno. Per quanto riguarda la fusione dell'idrogeno le reazioni più importanti sono la catena *pp* (protone-protone), di cui si è già parlato, e il cosiddetto ciclo CNO che coinvolge il carbonio, l'azoto e l'ossigeno e che avviene grazie a decadimenti β e catture di protoni da parte dei nuclei. Tra queste due reazioni quella che prevale a temperature maggiori è il ciclo CNO, mentre nel Sole, data la sua temperatura, prevale la catena *pp*. In generale, nelle stelle, man mano che la temperatura aumenta, avvengono anche altri processi nucleari. Ad esempio, a temperature dell'ordine delle centinaia di milioni di gradi Celsius, si ha la cosiddetta reazione 3-α, dove, al netto di due sotto-reazioni, tre particelle α si fondono producendo carbonio-12 (^{12}C) ed emettendo un fotone. Una particella α è un nucleo di elio-4 (^{4}He) ed è perciò formata da due protoni e due neutroni, mentre il fotone è la particella mediatrice della forza elettromagnetica. La luce che vediamo, i raggi

X, le onde radio, le microonde, sono esempi di radiazioni elettromagnetiche composte da fotoni. Il numero che segue il nome del nucleo atomico, dopo il trattino, (oppure che compare in alto a sinistra al simbolo) ne stabilisce l'isotopo corrispondente. Un nucleo di un atomo è formato da protoni e neutroni e atomi con lo stesso numero di protoni, ma diverso numero di neutroni hanno lo stesso nome, ma sono detti isotopi. Il numero in questione indica quanti protoni e neutroni sono presenti nel nucleo (la loro somma, detto numero di massa, A).

Tornando alla reazione 3-α, una volta che si è formato abbastanza carbonio-12 da queste reazioni, quest'ultimo può reagire con un nucleo di elio-4 (^{4}He) formando ossigeno-16 (^{16}O) e un fotone. L'ossigeno-16, a sua volta, può interagire con un nucleo di elio-4 e dare origine a neon-20 (^{20}Ne) e un fotone. A temperature più elevate due nuclei di carbonio-12 possono fondersi in sodio-23 (^{23}Na) emettendo un protone oppure fondersi in neon-20 ed emettere una particella α. Anche due nuclei di ossigeno-16 possono fondersi in fosforo-31 (^{31}P) rilasciando un protone, oppure fondersi in silicio-28 (^{28}Si), emettendo una particella α. Per queste ultime reazioni la temperatura necessaria è dell'ordine dei miliardi di gradi Celsius e non avvengono nel Sole.

I neutrini sono particelle elementari puntiformi di massa molto piccola, quasi nulla. All'inizio si pensava avessero proprio massa nulla, ma solo recentemente è stato mostrato che la loro massa è piccola, ma non nulla. Il premio Nobel per la fisica del 2015 è stato assegnato al fisico giapponese Takaaki Kajita e al fisico canadese Arthur McDonald, con la seguente motivazione: "per la scoperta delle oscillazioni del neutrino che mostrano che il neutrino ha massa". La sua esistenza è stata postulata nel 1930 dal fisico Wolfgang Pauli come particella aggiuntiva, per spiegare lo spettro continuo dell'elettrone nel decadimento β. Nel decadimento infatti il neutrino non veniva rilevato sperimentalmente (interagisce pochissimo) e si pensava che gli unici prodotti del decadimento di un neutrone fossero il neutrone e l'elettrone. In pratica l'unica particella emessa da un decadimento β^- in un atomo che veniva rilevata era un elettrone. Dalle leggi fisiche di conservazione la sua quantità di moto doveva essere praticamente a valore noto e fisso, ricavabile dai valori sperimentali delle masse delle particelle in gioco, mentre invece sperimentalmente si osservava che poteva assumere diversi valori, da un minimo di zero a un certo massimo. Lo spettro dell'elettrone nei decadimenti si osserva dal grafico che ha per ascisse la quantità di moto dell'elettrone emesso e in ordinate il numero di elettroni emessi (a seguito di numerosi decadimenti). Se il decadimento avesse emesso solo l'elettrone lo spettro sarebbe dovuto essere una semplice riga verticale corrispondente al valore di quantità di moto fissa (tutti gli elettroni emessi hanno lo stesso valore). Si osservava però uno spettro continuo, per cui doveva esistere un'altra particella, di massa molto piccola e che interagisse poco perché non rilevata, che spartisse con l'elettrone la quantità di moto totale permessa dal decadimento. Questa particella è proprio il neutrino, termine adottato in una conferenza da Enrico Fermi nel 1932.

I neutrini fanno parte dei cosiddetti leptoni, una delle due famiglie (quark e leptoni) in cui sono suddivise le particelle elementari. Esistono tre tipi di neutrini: il neutrino elettronico, il neutrino muonico e il neutrino tauonico. Ognuno ha la sua corrispondente anti-particella (anti-neutrino elettronico, anti-neutrino muonico e anti-neutrino tauonico). In genere il neutrino elettronico e il corrispondente anti-neutrino vengono prodotti insieme al leptone corrispondente cioè l'elettrone o la sua anti-particella il positrone. Analogamente i neutrini muonici sono legate al leptone corrispondente, il muone (simbolo μ), così come quelli tauonici al tauone (simbolo τ). La conservazione del numero leptonico implica che in ogni reazione il numero leptonico si conservi, in particolare si assegna all'elettrone e al neutrino elettronico numero leptonico elettronico pari a $+1$ e alle loro anti-particelle il valore -1, al muone e al neutrino muonico si assegna numero leptonico muonico $+1$ e alle rispettive anti-particelle il valore -1 e analogamente al tauone e al suo neutrino. Dunque, ad esempio, nel decadimento β^- si ha come stato iniziale un neutrone che ha numero leptonico (di tutti e tre i tipi) pari a 0 (non essendo un leptone), mentre nello stato finale si hanno un protone (numeri leptonici pari a 0), un elettrone (numero leptonico elettronico $+1$) e un anti-neutrino elettronico (numero leptonico elettronico -1) e la somma dei numeri leptonici nello stato finale è nulla, proprio come quella nello stato iniziale. La stessa cosa accade anche in altre reazioni. Questo è il motivo per cui, ad esempio, se si ha un muone (numero leptonico muonico $+1$) nello stato finale e il numero leptonico corrispondente iniziale era 0 allora deve necessariamente esserci un neutrino muonico che compensi (con un valore -1) il numero leptonico muonico finale in modo che quest'ultimo si conservi.

Nel Sole, la reazione nucleare di fusione di due nuclei di idrogeno per formare un nucleo di deuterio fa parte della catena di reazioni detta catena *pp* (protone-protone), come già accennato. Il risultato più importante di questa catena prevede, come effetto netto di più reazioni, che quattro nuclei di idrogeno (quattro protoni) si trasformino in un nucleo di elio-4, due positroni (anti-particella dell'elettrone), due neutrini elettronici e si liberi un'energia di 26 MeV. Il MeV è un'unità di misura dell'energia, dove la M sta per il suffisso mega che significa "un milione", e l'eV è "l'elettronvolt", dell'ordine del decimo di miliardesimo di miliardesimo di Joule, cioè

$$1 \text{ MeV} = 1.602 \cdot 10^{-13} \text{ J}.$$

I NEUTRINI E IL SOLE

La luminosità del Sole, cioè la potenza luminosa, data dall'energia emessa per unità di tempo, vale circa 3.8 centinaia di milioni di miliardi di miliardi di watt,

$$L_{\text{sole}} \simeq 3.8 \cdot 10^{26} \text{ W},$$

dove 1 watt, simbolo W, equivale a 1 joule al secondo,

$$1 \text{ W} = 1 \, \frac{\text{J}}{\text{s}}.$$

Conoscendo questo valore possiamo stimare il numero di neutrini emessi dal Sole nell'unità di tempo provenienti dalle reazioni complessive che producono l'elio-4. Questo numero vale circa 1.8 centinaia di miliardi di miliardi di miliardi di miliardi di neutrini elettronici al secondo. Il Sole li emette in modo casuale in tutte le direzioni attorno a sé (si dice in modo isotropo), ma possiamo calcolare facilmente il numero di neutrini al secondo che raggiungono la Terra. In realtà la quantità di interessa è il numero di neutrini che arrivano sulla Terra al secondo per metro quadro di superficie, il cosiddetto flusso di neutrini sulla Terra.

Su un piano, quando alcune particelle vengono emesse in tutte le direzioni possibili da una sorgente puntiforme in modo casuale si dice che l'emissione avviene verso tutti i 360 gradi disponibili (che è l'angolo totale piano), ovvero ogni direzione di ampiezza un grado di angolo contiene in media $1/360$ del totale di particelle emesse. Per sapere quante delle N particelle totali saranno emesse in una direzione di ampiezza angolare di x gradi occorre dividere N per 360 (ottenendo il numero di particelle emesse nella direzione con ampiezza angolare di un grado) e moltiplicare quanto ottenuto per x, secondo la formula

$$N_x = \frac{N}{360} \cdot x.$$

Nello spazio tridimensionale il ragionamento è identico, solo che l'angolo associato alle 3 dimensioni, detto angolo solido, totale ha un valore di 4 volte pi-greco (π, circa 3.14) steradianti (lo steradiante è l'unità di misura dell'angolo solido). Occorre conoscere il valore dell'angolo solido sotto cui è visto un metro quadro di superficie terrestre dal Sole. Per calcolare il flusso di neutrini sulla Terra si prende il numero di neutrini prodotti dal Sole al secondo e si divide per $4\pi d^2$, dove d è la distanza Terra-Sole, misurata in metri. Il calcolo fornisce un valore di circa 6.35 centinaia di migliaia di miliardi di neutrini al secondo al metro quadro. Questo è il flusso di neutrini sulla Terra provenienti dal Sole, provenienti dalla serie di reazioni che producono l'elio-4. Ci sono anche altre reazioni, nel Sole, che danno origine a neutrini e per ciascuna di esse, con calcolo analoghi, si può calcolare il flusso atteso. Alcuni esempi sono la cattura di un elettrone da parte del berillio-7 (^{7}Be) formando litio-7 (^{7}Li) e un neutrino, oppure il decadimento del boro-8 (^{8}B) in berillio-8 (^{8}Be), un positrone e un neutrino.

Sulla Terra sono stati fatti diversi esperimenti (il primo iniziato verso la fine degli anni sessanta del Novecento) per misurare il flusso di neutrini elettronici provenienti dal Sole. Tutti i dati raccolti in trent'anni di misure risultavano però in contrasto con il calcolo teorico del flusso atteso. I neutrini elettronici che arrivavano erano meno di quelli previsti, tra un terzo a due terzi degli attesi totali. Questa discrepanza ha rappresentato per anni il cosiddetto "problema dei neutrini solari", non si riusciva a trovare una spiegazione plausibile per questo fenomeno. Nel frattempo le stime teoriche del flusso di neutrini furono confermate da altre osservazioni indipendenti effettuate sul Sole, in particolare il valore che proveniva dalle osservazioni era proprio la potenza luminosa proveniente dalle reazioni di produzione dell'elio-4. Tuttavia anche gli esperimenti sulla Terra furono confermati, lasciando invariata la discrepanza. Si ipotizzò allora che i neutrini potessero cambiare tipologia durante il tragitto Terra-Sole, cioè i neutrini elettronici prodotti potevano "oscillare" tra i tre tipi di neutrini (elettronici, muonici e tauonici). Con questa ipotesi, parte dei neutrini elettronici prodotti nel Sole, una volta arrivati sulla Terra, sarebbero stati di tipo diverso, ad esempio muonico, e non verrebbero rivelati dagli esperimenti, sensibili solo (o molto di più) a quelli di tipo elettronico. Questa ipotesi prende il nome di "oscillazione dei neutrini" e può essere spiegata dalla fisica, grazie alla teoria quantistica, solo nel caso in cui la massa dei neutrini sia non nulla. All'inizio, come già accennato, l'ipotesi era quella di massa nulla per i neutrini. Questa però non può più essere considerata valida se l'ipotesi dell'oscillazione fosse corretta. Occorreva un nuovo tipo di esperimento, sensibile a tutti e tre i tipi di neutrino, per testare questa straordinaria e sconvolgente nuova ipotesi. Finalmente, verso i primi anni del 2000 si scoprì che, sommando i neutrini di tutti i tipi provenienti dal Sole, si otteneva proprio il numero atteso, previsto dalla teoria. Le oscillazioni di neutrini sono un fenomeno reale e la loro scoperta ha portato all'assegnazione del premio Nobel del 2015. Le equazioni della teoria delle oscillazioni mostrano che la probabilità di trovare neutrini di un certo tipo diverso da quello iniziale, dopo un certo tragitto, dipende dalla distanza percorsa, dalla loro energia e dalla differenza delle loro masse al quadrato e il comportamento è diverso a seconda che viaggino nel vuoto o attraverso un mezzo denso.

La relatività del tempo

Siamo abituati a pensare che il tempo sia assoluto. È una nostra convinzione, siamo convinti che quando sul nostro orologio è passata un'ora allora ogni altro orologio funzionante segnerà un'ora più avanti. Invece la fisica ci insegna che tutto questo non è corretto. È stato Albert Einstein a rivoluzionare i concetti di spazio e tempo con la pubblicazione, nel 1905, della teoria fisica detta relatività ristretta (o speciale) e, successivamente, nel 1915, pubblicando la teoria della relatività generale, che fornisce una descrizione non quantistica della gravitazione. Grazie alla relatività ristretta possiamo affermare che intervalli di tempo misurati da orologi in sistemi di riferimento inerziali diversi, relativi allo stesso evento, non coincidono. Tutto questo senza violare la causalità che è ben radicata nelle teorie fisiche relativistiche. Per fare un primo esempio consideriamo una particella che viaggia ad una velocità costante molto elevata, prossima a quella della luce, e che, per sua natura decade dopo un certo intervallo di tempo, ovvero non c'è più. Nel sistema di riferimento inerziale dove la particella è in quiete, detto sistema solidale con la particella, questo intervallo di tempo si chiama tempo proprio di decadimento o vita media ed è spesso indicato con il simbolo τ. In un sistema di riferimento inerziale dove la particella è in moto, in genere quello più usato è il sistema del laboratorio, verrà misurato un certo intervallo di tempo trascorso il quale la particella sarà decaduta. Come anticipato, questi due intervalli di tempo non sono uguali. Per un evento, come il decadimento di una particella,

LA RELATIVITÀ DEL TEMPO

l'intervallo di tempo proprio, cioè quello misurato nel sistema solidale con la particella, è sempre più breve di qualsiasi altro intervallo misurato in sistemi di riferimento inerziali in cui la particelle non è in quiete. Il tempo di decadimento di una particella dipende dunque dal sistema di riferimento e risulta dilatato di un certo fattore rispetto alla sua vita media τ. Questo fattore è detto fattore di Lorentz, simbolo γ, ha valore $\gamma = 1$ nel sistema di quiete della particella, mentre è sempre maggiore di uno, $\gamma > 1$, in ogni altro sistema di riferimento. Questo fattore è legato alla velocità di un sistema di riferimento rispetto ad un altro. Ad esempio nel sistema di riferimento del laboratorio, detto S, il sistema solidale con una particella avente velocità v in S, detto S', si muoverà anch'esso con velocità v rispetto al primo sistema. Si dice anche che la velocità relativa tra S e S' è v. Il fattore di Lorentz ha questa espressione matematica

$$\gamma = \frac{1}{\sqrt{1 - \frac{v^2}{c^2}}},$$

dove c è la velocità della luce nel vuoto, che ha un valore di circa trecento milioni di metri al secondo, o, più precisamente,

$$c = 299792458 \text{ m/s}.$$

Maggiore è la velocità v e maggiore sarà il fattore di Lorentz per quel sistema. Un esempio concreto può essere fatto considerando una particella, detta muone, che si crea dall'interazione dei raggi cosmici con le molecole dell'atmosfera terrestre. Questa particella ha una vita media (misurata nel suo sistema di quiete, questa è la definizione di vita media, come detto in precedenza) di circa 2.2 microsecondi, ovvero circa 2.2 milionesimi di secondo (0.0000022 s). Se il tempo fosse assoluto si potrebbe pensare che, ad una certa velocità v rispetto al sistema del laboratorio, questa particella abbia percorso uno spazio dato dal prodotto della velocità per il tempo trascorso (il tempo in questo calcolo sarebbe proprio la sua vita media τ). Sapendo che la velocità di questa particella è circa il 99.5% di quella della luce, $v = 0.995c$, cioè

$$v = 298293496 \text{ m/s},$$

si potrebbe pensare, se il tempo fosse assoluto, che la distanza percorsa dal muone prima di decadere sia di circa 656 metri, ottenuti dal prodotto

$$\Delta s = 0.0000022 \text{ s} \cdot 298293496 \, \frac{\text{m}}{\text{s}} \simeq 656 \text{ m}.$$

Se questo fosse il risultato corretto allora non si dovrebbero trovare, statisticamente, molti muoni sulla superficie terrestre, perché i muoni dovrebbero percorrere molto più di 656 metri per raggiungerla, dal punto dell'atmosfera in cui vengono creati. Abbiamo detto statisticamente, perché il concetto di vita media è statistico. Dato un gran numero di particelle identiche, dopo che è trascorso un tempo pari alla loro vita media (nel loro sistema di riferimento a riposo), il numero di particelle nel fascio si è ridotto di un fattore corrispondente al numero di Nepero, che vale circa 2.718 (è un numero irrazionale con infinite cifre decimali non periodiche). Questo significa che dopo un tempo corrispondente alla vita media sono ancora presenti circa il 37% delle particelle iniziali, il resto, cioè il 63%, è decaduto. Questa è la definizione rigorosa di vita media per una particella. Il motivo per cui si ha a che fare con il numero di Nepero è legato al modo con cui si descrive l'andamento temporale del numero di particelle instabili (cioè che possono decadere) in un campione di N0 particelle al tempo iniziale. La formula è la seguente

$$N(t) = N_0 \, e^{-t/\tau},$$

dove a primo membro rappresenta il numero di particelle presenti al tempo t, mentre τ è proprio la vita media ed "e" è il numero di Nepero. Osserviamo che dopo un tempo uguale alla vita media, cioè

$t = \tau$, la formula diventa

$$N(\tau) = N_0 \, e^{-1} \; \to \; N(\tau) \simeq \frac{N_0}{2.718}$$

e quindi si ha una riduzione di un fattore e. Un altro modo per calcolare l'andamento temporale del numero di particelle instabili fa uso della formula

$$N(t) = N_0 \, 2^{-t/t_{1/2}}$$

dove questa volta $t_{1/2}$ è detto, per ovvi motivi, tempo di dimezzamento. Infatti trascorso tale tempo le particelle rimaste si dimezzano

$$N(t_{1/2}) = N_0 \, 2^{-1} \; \to \; N(t_{1/2}) \simeq \frac{N_0}{2},$$

si faccia attenzione a quando si usano i termini "vita media" e "tempo di dimezzamento" perché hanno significati diversi. Queste due grandezze sono legate tra di loro dalla formula

$$\tau = \frac{t_{1/2}}{\ln 2} \simeq \frac{t_{1/2}}{0.693}.$$

Si può calcolare che il numero di particelle presenti dopo che sia trascorso (nel loro sistema di quiete) un tempo pari a due volte la vita media, 2τ, è circa il 13.5% di quelle iniziali, mentre dopo un tempo pari a 3τ è circa il 4.98%. Per il muone, come già accennato, la vita media è di circa 2.2 microsecondi. Fissiamo, per fare alcuni calcoli, un'altitudine di 3000 metri e calcoliamo la percentuale di muoni (rispetto a quelli presenti a quota 3000 metri) che sopravvive senza decadere fino alla superficie terrestre. Se la vita media del muone in volo, cioè nel sistema Terra dove viaggia al 99.5% della velocità della luce nel vuoto, fosse la stessa che nel suo sistema di quiete (questo sarebbe vero se il tempo fosse assoluto) si troverebbe che circa il 1.0343% dei muoni presenti a 3000 metri di altitudine arrivi fino alla superficie terrestre. Se eseguiamo lo stesso calcolo tenendo conto delle correzioni previste dalla teoria della relatività ristretta, secondo la quale la vita media in volo dei muoni è circa 10 volte inferiore alla loro vita media, allora si troverebbe che circa il 63.3088% dei muoni presenti a 3000 me-

LA RELATIVITÀ DEL TEMPO

tri di altitudine arrivi fino alla superficie terrestre. Questo significa che se a 3000 metri di quota sono presenti, ad esempio, 1000 muoni, allora sulla superficie terrestre ne dovremmo trovare circa 10 se il tempo è assoluto e circa 633 se il tempo è relativo, come previsto dalla relatività ristretta. Tutti gli esperimenti condotti sono in accordo con quest'ultima teoria, anche gli esperimenti di misura diretta della vita media in volo dei muoni effettuati presso gli acceleratori di particelle. La materia di cui siamo fatti e di cui sono fatte le cose che utilizziamo ogni giorno è composta da molecole che a loro volta sono composte da atomi. Un atomo è composto da tre tipi di particelle: protoni e neutroni che costituiscono il nucleo atomico ed elettroni che orbitano attorno ad esso. Se aumentiamo le dimensioni spaziali di un nucleo atomico fino a quelle del Sole allora la zona di massima probabilità di presenza degli elettroni più vicini al nucleo dista dal nucleo stesso due volte la distanza tra Plutone e il

Sole. Praticamente tutta la massa di un atomo è contenuta nel nucleo, infatti un elettrone ha una massa di circa

$$m_e \simeq 9.1094 \cdot 10^{-31} \text{ kg},$$

circa 1836 volte più piccola di quella di un protone, di circa

$$m_p \simeq 1.6726 \cdot 10^{-27} \text{ kg}$$

o di un neutrone, di circa

$$m_n \simeq 1.6749 \cdot 10^{-27} \text{ kg}.$$

Il protone e il neutrone possono essere trattati, nei casi pratici, come se avessero la stessa massa, con il neutrone che è leggermente più pesante. Tra i tre tipi di particelle che compongono un atomo l'elettrone è una particella elementare, puntiforme, mentre il protone e il neutrone non lo sono, essendo a loro volta composti da altre particelle. I costituenti dei nucleoni (così sono chiamati in genere il protone e il neutrone) sono i quark. Ogni

LA RELATIVITÀ DEL TEMPO

nucleone è formato da tre quark di valenza, oltre a un "mare" di quark e gluoni che contribuisce alla loro massa. L'elettrone libero è il più leggero dei leptoni carichi (i leptoni carichi sono l'elettrone, il muone e il tauone, mentre quelli neutri sono i tre tipi di neutrino) e secondo il modello standard delle particelle è stabile, cioè non può decadere in altre particelle. Questo grazie alla conservazione della carica elettrica e del numero leptonico che prevede, per una qualsiasi interazione del modello standard, che il numero di leptoni meno il numero di anti-leptoni rimane invariato prima e dopo l'interazione. In altri termini il numero leptonico resta invariato. Non esiste una particella (o più particelle) con i giusti requisiti e quindi l'elettrone non può decadere ed è stabile. Un simile discorso vale anche per il protone libero (un protone legato in un nucleo può decadere tramite decadimento beta, sfruttando l'energia di legame) che è stabile, grazie alla conservazione del cosiddetto numero barionico, essendo il protone il barione più leggero. Il neutrone libero invece, avendo una massa leggermente maggiore di quella del protone, può decadere. Il suo decadimento, detto decadimento β^-, produce tre particelle (un protone, un elettrone e un antineutrino elettronico) e non viola la conservazione del numero barionico (infatti i leptoni non hanno numero barionico, cioè ha valore nullo). La vita media del neutrone libero è di circa 890 secondi, quasi 15 minuti, chiaramente il valore è riferito al sistema solidale con esso. Se consideriamo un neutrone in moto rispetto al sistema del laboratorio, la sua vita media in volo sarà maggiore rispetto alla sua vita media, amplificata dal fattore di Lorentz, che dipende dalla sua velocità. Quest'ultimo, come già accennato, parte dal valore 1, se la particella è ferma, e aumenta al crescere della velocità. Il suo valore rimane relativamente vicino a 1 finché la velocità non è particolarmente vicina a quella della luce nel vuoto. Ad esempio il fattore di Lorentz vale, $\gamma = 2$, quando la velocità è circa l'87% di quella della luce, vale 3, $\gamma = 3$, quando la velocità è circa il 94% di c. Il fattore di Lorentz cresce velocemente per velocità molto vicine a quelle della luce, infatti ad esempio, per una velocità del 99.995% rispetto a quella della luce si ha $\gamma = 100$, mentre per velocità del 99.99995% rispetto a c si ha $\gamma = 1000$. Riassumendo, la teoria della relatività ristretta prevede che intervalli di tempo misurati in sistemi di riferimento inerziali distinti, riferiti allo stesso evento, abbiano valori diversi a seconda della velocità di un sistema rispetto all'altro. La relatività del tempo è parte integrante della relatività speciale ed è insita nelle equazioni che descrivono le coordinate spazio-temporali di un evento in diversi sistemi di riferimento inerziali, dette trasformazioni di Lorentz. Supponiamo di avere due sistemi di riferimento inerziali, S e S', con assi rispettivamente x, y, z e x', y', z', dove quest'ultimo si muove con velocità v rispetto a S, lungo l'asse delle ascisse, con verso positivo. Per questa configurazione particolare, le trasformazioni di Lorentz sono

$$\begin{cases} x' = \gamma(x - vt) \\ y' = y \\ z' = z \\ t' = \gamma(t - \frac{vx}{c^2}) \end{cases}$$

Uno dei due postulati della relatività ristretta è la costanza della velocità della luce. Questo afferma che la velocità della luce nel vuoto ha un valore costante in tutti i sistemi di riferimento inerziali. L'altro postulato della relatività afferma che le leggi della fisica sono le stesse, in forma, in tutti i sistemi di riferimento inerziali. Questo significa, ad esempio, che se in un sistema S si ha la legge fisica

$$F = m \cdot a \,,$$

allora nel sistema S' si deve avere la stessa forma, cioè

$$F' = m' \cdot a' \,,$$

dove F', m' e a', sono le grandezze fisiche nel sistema S', corrispondenti alle grandezze F, m e a del sistema S. Le varie grandezze fisiche nei due sistemi di riferimento inerziali sono legate fra di loro dalle trasformazioni di Lorentz. Nella fisica classica le coordinate spazio-temporali di un evento in due distinti sistemi di riferimento inerziali sono legate da trasformazioni matematiche dette trasformazioni di Galileo. Analogamente a prima, consideriamo i due sistemi di riferimento inerziali, S e S', dove S' si muove con velocità v rispetto a S, lungo l'asse delle ascisse, con verso positivo. Le trasformazioni di Galileo sono

$$\begin{cases} x' = x - vt \\ y' = y \\ z' = z \\ t' = t \end{cases}$$

Queste trasformazioni non sono in accordo con i postulati della relatività, anche se per velocità in gioco molto minori rispetto a c, le trasformazioni di Lorentz si riconducono a quelle di Galileo. Una delle differenze sostanziali è che quest'ultime considerano il tempo assoluto, cioè lo stesso in ogni sistema di riferimento. Un'altra differenza tra le due descrizioni della realtà è data dalla formula per la composizione delle velocità. Le trasformazioni di Galileo prevedono che se un sistema di riferimento A viaggia ad una velocità costante v rispetto a un sistema B e un terzo sistema di riferimento C viaggia ad una velocità u rispetto ad A allora il sistema C viaggia ad una velocità $w = u + v$ rispetto a B, data dalla semplice somma algebrica delle due velocità. Questo risultato ci è familiare nella vita di tutti giorni ed è per noi un fatto scontato, ma in realtà le trasformazioni corrette, cioè quelle di Lorentz, prevedono una correzione a questo risultato, infatti la formula relativistica, per il caso in questione, è la seguente

$$w = \frac{u+v}{1+\frac{uv}{c^2}}.$$

LA RELATIVITÀ DEL TEMPO

La correzione rispetto alla formula di semplice addizione tra le velocità (che si ottiene in accordo con le trasformazioni di Galileo) è piccola per basse velocità rispetto a quella della luce nel vuoto, cioè finché γ è vicino a 1 ed è per questo che nella vita di tutti i giorni non ci accorgiamo che la formula di semplice addizione delle velocità non è quella corretta in generale. Per fare un esempio di utilizzo di questa formula (di validità non generale) nella vita di tutti i giorni, consideriamo due auto che viaggiano una con velocità 100 km/h verso destra e l'altra con velocità 140 km/h verso sinistra su una strada a due corsie parallele. Si hanno tre punti di vista preferenziali (cioè sistemi di riferimento inerziali) rispetto ai quali esaminare gli eventi. Il guidatore dell'auto che viaggia a 100 km/h verso destra direbbe che l'altra auto viaggia a 40 km/h rispetto a lui verso sinistra, ottenuto dalla differenza tra le velocità. Come pure se una nave portaerei viaggiasse a 60 km/h rispetto a terra e un aereo si muovesse a 120 km/h rispetto alla nave allora affermeremo probabilmente che l'aereo si muove rispetto a terra con una velocità di 180 km/h ottenuta dalla loro somma algebrica. La relatività di Einstein mostra che tutto ciò è inesatto ed è corretto solo approssimativamente quando le velocità in gioco sono piccole rispetto a quella della luce nel vuoto c, o, in altri termini, quando il fattore di Lorentz è prossimo a uno. Ci accorgiamo che la formula di semplice somma algebrica non possa essere in accordo con la relatività se prendiamo il caso estremo in cui le due velocità in gioco (nave rispetto alla terra e aereo rispetto alla nave) sono entrambe pari a c. In questo caso sommando otterremmo $c + c = 2c$ che viola palesemente uno dei risultati della relatività per cui c è la velocità massima raggiungibile. Anche la dilatazione dei tempi discussa precedentemente è quasi irrilevante nella vita quotidiana infatti, ad esempio, ad una velocità di 100 km/h il fattore di

LA RELATIVITÀ DEL TEMPO

Lorentz vale circa

$$\gamma = 1.000000000000004293$$

e dunque un intervallo di tempo sarà dilatato di circa 4 parti su un milione di miliardi, valori che non ci farebbero accorgere della differenza. Le trasformazioni di Galileo apparivano corrette intuitivamente ed erano state ben verificate solo nella vita quotidiana, non potendo, per ovvi motivi, poterle testare in passato per velocità molto elevate, prossime a c. Il problema è nato quando Maxwell ha pubblicato le quattro equazioni che portano il suo nome e che descrivono in maniera completa tutti i fenomeni legati all'elettromagnetismo. Si scoprì che i segnali elettromagnetici si propagano alla velocità della luce nel vuoto e che la luce stessa è proprio un fenomeno elettromagnetico, essendo costituita da particelle elementari mediatrici dell'interazione elettromagnetica, i cosiddetti fotoni. Usando le trasformazioni di Galileo, che mettono in relazione le grandezze fisiche in diversi sistemi di riferimento inerziali, le equazioni di Maxwell non sono invarianti in forma, come prescritto anche dal principio di relatività galileiana. C'era un'incompatibilità tra le equazioni di Maxwell e le trasformazioni di Galileo e Einstein capì che il problema erano proprio le trasformazioni di Galileo non adatte a descrivere fenomeni che coinvolgono velocità prossime a quelle della luce. Le trasformazioni corrette sono quelle di Lorentz grazie alle quali le equazioni di Maxwell rispettano il principio di relatività e hanno la stessa forma in tutti i sistemi inerziali. In ambito elettromagnetico la relatività ristretta di Einstein prevede, ad esempio, che se in un sistema di riferimento sono presenti campi elettrici e campi magnetici, esiste un sistema di riferimento inerziale in cui sono presenti solo campi elettrici o solo un campi magnetici. Ci sono però delle quantità che sono invarianti, dette invarianti di Lorentz, che si mantengono costanti sotto trasformazioni di Lorentz, hanno cioè lo stesso valore in diversi sistemi

LA RELATIVITÀ DEL TEMPO

di riferimento inerziali. Nel caso in esame se in un sistema di riferimento inerziale il campo elettrico e il campo magnetico sono ortogonali allora lo sono in ogni altro sistema di riferimento inerziale e l'invariante è il prodotto scalare tra di loro.

La relatività del tempo non è conseguenza solo della relatività ristretta di Einstein, sviluppata nel 1905. La teoria della relatività generale, teoria relativistica non quantistica della gravitazione, formulata nel 1915 sempre da Einstein, amplia la teoria della relatività ristretta e prevede che la struttura dello spazio-tempo possa essere modificata dalla presenza di massa o di energia. In pratica, data una sorgente di massa o energia, la cosiddetta metrica dello spazio-tempo viene modificata e questa modifica è regolata dalle equazioni di campo di Einstein. La metrica, rappresentata matematicamente da un tensore, gestisce le distanze tra gli oggetti in un certo spazio, in questo caso lo spazio-tempo quadridimensionale. Le modifiche della metrica si manifestano sotto forma di gravità che percepiamo macroscopicamente.

Per quanto riguarda il tempo, la teoria della relatività generale prevede che la durata di un evento in un punto dipenda proprio dalla metrica in quel punto che a sua volta dipende dalla presenza di sorgenti di massa o energia, come può essere la vicinanza di un buco nero. In altri termini, orologi posti in zone con campi gravitazionali più intensi rallentano. Consideriamo, ad esempio, due orologi inizialmente sincronizzati sulla superficie della Terra. Se un orologio viene portato a 10 km di quota e successivamente viene riportato sulla superficie, dove è rimasto in quiete l'altro, allora i due orologi segneranno due tempi diversi a causa del fatto che il campo gravitazionale terrestre diminuisce all'aumentare della quota. Naturalmente l'effetto è molto piccolo e non è percepibile se fatto con orologi con bassa sensibilità, come quelli che abbiamo a disposizione in casa. Un esperimento di questo tipo

LA RELATIVITÀ DEL TEMPO

è stato effettivamente condotto e ha confermato le predizioni della teoria della relatività generale. In zone dell'universo in cui sono presenti forti campi gravitazionali, come nei pressi di un buco nero, questa dilatazione dei tempi è molto grande. Un piccolo intervallo di tempo nei pressi di un buco nero equivale a un enorme intervallo di tempo trascorso sulla Terra.

La teoria dei quanti

Le teorie fisiche classiche, applicate ai fenomeni atomici e sub-atomici, forniscono previsioni che sono in contraddizione con gli esperimenti. Una di queste è insita nel modello atomico, secondo cui un atomo è formato da un nucleo, costituito da protoni e neutroni, e da elettroni, particelle elementari dotate di carica elettrica negativa, che gli orbitano attorno. L'elettrodinamica classica prevede però che una carica elettrica accelerata emetta radiazioni elettromagnetiche, o fotoni. In un atomo dunque gli elettroni, nel loro moto classico attorno al nucleo, dovrebbero perdere energia irradiando onde elettromagnetiche e diminuendo, di conseguenza, la loro distanza dal nucleo fino a caderci sopra. Tuttavia l'esperienza ci insegna che questo non accade e infatti la materia, che è formata da moltissimi atomi, uniti in molecole, è stabile. Questa è uno dei fenomeni che sono stati risolti dall'avvento della meccanica quantistica, una teoria, diversa da quella classica, che spiega i fenomeni atomici, e, in generale, il comportamento del mondo microscopico dove regnano le particelle.

Già nel 1900 Max Planck ipotizzò che l'emissione e l'assorbimento dell'energia elettromagnetica fosse quantizzata, cioè che gli scambi di energia avvengano per multipli interi di una quantità minima, rappresentata dal quanto della radiazione elettromagnetica, una particella elementare, detta fotone. Ogni fotone ha un'energia ben definita, data dalla formula

$$E = h\nu\,,$$

LA TEORIA DEI QUANTI

dove ν è detta frequenza e h è la costante di Planck

$$h \simeq 6.626 \cdot 10^{-34} \, \text{J} \cdot \text{s}.$$

In un'interazione elettromagnetica, si può scambiare un fotone, due fotoni, tre fotoni e così via, ma mai una quantità frazionaria di fotoni.

Uno dei problemi precedenti alla nascita della meccanica quantistica e non risolvibile usando le leggi della fisica classica era quello del corpo nero. Per corpo nero si intende un oggetto che assorbe tutta la radiazione elettromagnetica incidente senza rifletterla. La parola nero è legata al fatto appunto che non riflettendo la luce appare scuro ai nostri occhi, anche se, in realtà, un corpo nero emette egli stesso radiazioni elettromagnetiche, per il semplice fatto che ha una temperatura maggiore di zero kelvin (temperatura minima raggiungibile nell'Universo, pari a circa -273.13 gradi Celsius), e che quindi, per temperature sufficientemente elevate, può apparire anche colorato. Un esempio è il nostro Sole, che può essere considerato con una buona approssimazione un corpo nero, anche se, ovviamente, non è nero alla vista. Ogni corpo nero ha un suo spettro di emissione, cioè emette energia elettromagnetica di varie frequenze con continuità da un valore minimo a uno massimo. In aggiunta, un corpo nero emette maggiore energia di un certo valore di frequenza che si può calcolare caso per caso a seconda della sua temperatura. Le leggi della fisica classica suggerivano, contrariamente a quanto osservato sperimentalmente, che per qualsiasi temperatura sopra lo zero kelvin, l'energia emessa totale corrispondeva ad una quantità infinita. L'ipotesi avanzata da Max Planck nel 1900 sulla quantizzazione dell'energia prendeva che l'emissione e l'assorbimento di energia elettromagnetica fosse quantizzata, ovvero che avvenisse tramite scambio di pacchetti di energia, detti quanti. Questa ipotesi permise di risolvere il problema, calcolando correttamente l'energia totale emessa da un corpo nero, in accordo con i risultati degli esperimenti.

LA TEORIA DEI QUANTI

Anche Albert Einstein utilizzò, nel 1905, l'idea di Planck per spiegare l'effetto fotoelettrico, ipotizzando che la radiazione elettromagnetica fosse composta appunto da quanti fondamentali (i fotoni) che, incidendo su un materiale, potevano cedere energia sufficiente agli elettroni del materiale, espellendoli. Per l'estrazione di un elettrone da un materiale opportuno occorre una certa energia, pari a quella con cui è legato l'elettrone nella struttura molecolare del materiale, detto lavoro di estrazione. L'interazione della radiazione elettromagnetica con il materiale avviene praticamente tra un singolo fotone e un singolo elettrone. Se il fotone che interagisce non ha energia sufficiente a liberare l'elettrone, non vi è alcun effetto fotoelettrico. Se usiamo un fascio di fotoni di una certa frequenza ν tale per cui ogni fotone ha un'energia $E = h\nu$ maggiore del lavoro di estrazione L per un determinato materiale allora si ha l'effetto fotoelettrico e gli elettroni estratti dai fotoni avranno un'energia cinetica (energia legata alla velocità con cui vengono emessi) pari all'energia residua, data dalla differenza tra E e L. In questo caso se aumentiamo l'intensità del fascio (più fotoni che colpiscono il materiale nell'unità di tempo) allora verranno estratti più elettroni, perché ogni fotone può estrarre al più un elettrone. Viceversa, se usiamo un fascio con frequenza non sufficientemente alta, sotto un certo valore, detto frequenza di soglia e che dipende dal materiale, allora non si avrà effetto fotoelettrico, nemmeno aumentando l'intensità del fascio, semplicemente perché è il singolo fotone a non avere l'energia sufficiente.

Un concetto molto importante, legato alla nascita della meccanica quantistica, è il cosiddetto dualismo onda-particella. Questo prevede che una particella o, in generale, un corpo, si comporti talvolta come particella o corpuscolo e talvolta come onda, a seconda delle circostanze. La luce si comporta in moltissimi casi come un'onda, ma è formata da particelle, i fotoni, che mostrano un comportamento corpuscolare, come abbiamo visto nel caso dell'effetto fotoelettrico.

Un altro esempio in cui la radiazione elettromagnetica ha un comportamento corpuscolare è l'effetto Compton, per cui un fascio di radiazione di frequenza nota, dopo aver interagito con un materiale opportuno, possiede una frequenza minore. Questo era un fenomeno non spiegabile con le leggi della fisica classica. La meccanica quantistica risolve anche questo problema attribuendo la differenza di frequenza allo scambio di energia tra ogni fotone incidente e gli elettroni del materiale. Un fotone con energia

$$E_1 = h\nu_1$$

interagisce "urtando" con il materiale, cedendo energia, con emissione di un fotone con energia

$$E_2 = h\nu_2 \, ,$$

con $E_2 < E_1$.

Un esperimento famoso che mette in evidenza il

dualismo onda-particella è quello della doppia fenditura, realizzato usando elettroni. Questo esperimento veniva inizialmente realizzato usando una sorgente luminosa che produceva una figura di interferenza su uno schermo, dopo che la luce aveva attraversato due fenditure vicine, di spessore paragonabile alla lunghezza d'onda della luce usata. La lunghezza d'onda, simbolo λ, è una delle proprietà della luce (o di un'onda, in generale), insieme alla frequenza ν. Queste due grandezze sono legate alla velocità della luce c dalla relazione

$$c = \lambda \nu\,.$$

Se inviamo particelle materiali, che non si comportano come onde, contro due fenditure ci si aspetta che su uno schermo posto a una certa distanza le particelle siano distribuite con la massima intensità esattamente in corrispondenza delle due fenditure. Allontanandosi dai due picchi di massimo, lungo lo schermo, si troveranno sempre meno particelle. Questo esperimento, condotto con elettroni, e quindi con particelle considerate fino ad allora a comportamento puramente corpuscolare, produceva sullo schermo la figura di interferenza, con molti picchi di massimo e di minimo, propria delle onde luminose. Questo accadeva anche inviando un elettrone alla volta e questo significa che ciascun elettrone si propaga con una certa funzione d'onda di probabilità, permettendo il passaggio delocalizzato in entrambe le fenditure e l'interazione con sé stesso, producendo la figura di interferenza osservata (realizzata sovrapponendo i risultati di molti elettroni, ma inviati singolarmente), come schematizzato in Figura 3.1.

La nuova teoria quantistica riguarda specialmente i fenomeni atomici e sub-atomici dove si ottengono i risultati più sorprendenti e meno intuitivi, ma regola anche il mondo macroscopico, con previsioni non troppo diverse da quelle a cui siamo abituati grazie alla fisica classica. La fisica quantistica stravolge la visione classica del mondo microscopi-

LA TEORIA DEI QUANTI

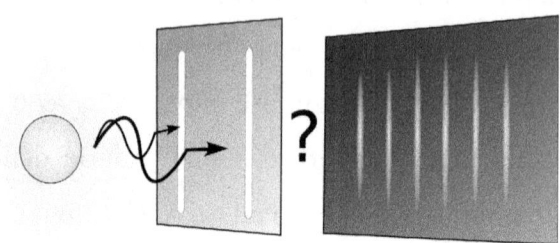

Figura 3.1: Rappresentazione dell'elettrone e delle due fenditure.

co e cambia perfino il nostro modo di pensare, essendo abituati a esaminare, nella vita quotidiana, il mondo macroscopico. In meccanica quantistica viene meno anche il concetto classico di traiettoria di una particella grazie al celebre principio di indeterminazione di Heisenberg. Questo prevede che non è possibile conoscere con precisione arbitraria posizione x e quantità di moto associata p_x di una particella, fissando un limite inferiore per il prodotto delle loro incertezze, dato dalla relazione

$$\Delta x \cdot \Delta p \geq \frac{h}{4\pi} \, .$$

LA TEORIA DEI QUANTI

La meccanica quantistica è strettamente legata al concetto di misura, intendendo con questo termine una qualsiasi interazione tra un oggetto quantistico, la particella da "osservare", e un oggetto, detto strumento, che esegue la misura. In meccanica quantistica il processo di misura influisce sulle proprietà della particella o del sistema da misurare, proprio perché misurare significa interagire con esso. Al contrario, in meccanica classica, una particella possiede, istante per istante, una posizione e una velocità ben precise e simultaneamente determinate dalle equazioni del moto di Newton.

In meccanica quantistica, a causa del principio di indeterminazione di Heisenberg, le coordinate di una particella e la sua velocità non possono essere misurate contemporaneamente e con precisione arbitraria. Questo si può esprimere dicendo appunto che in meccanica quantistica il concetto di traiettoria di una particella perde di significato. Nello studio della dinamica di un sistema si ha quindi una profonda differenza fra teoria classica e teoria quantistica. In fisica classica è possibile prevedere il moto di una particella in modo univoco grazie alle equazioni del moto, avendo a disposizione la velocità e le coordinate di una particella in un dato istante. D'altra parte, in meccanica quantistica, se una particella si trova in un determinato stato, negli istanti successivi il suo comportamento non può essere determinato in modo univoco, possiamo solo calcolare la probabilità dei vari risultati di misura possibili. In alcuni casi specifici la probabilità di un certo risultato può essere del 100% e quindi avere la certezza di un suo ottenimento.

In meccanica quantistica si parla della funzione d'onda di una particella (o di un sistema di particelle) che ne racchiude tutte le informazioni ottenibili. In generale la funzione d'onda, che è formalmente una funzione a valori complessi, dipende dalle coordinate spaziali e dal tempo e il suo modulo quadro fornisce la densità di probabilità di trovare la particella

LA TEORIA DEI QUANTI

in quell'istante e a quelle coordinate. La funzione d'onda per una particella (o per un sistema) si ottiene risolvendo l'equazione di Schrödinger associata, che tiene conto di eventuali potenziali a cui è sottoposta. Questa è un'equazione differenziale alle derivate parziali del secondo ordine che, salvo rari casi, non ammette soluzioni esatte analitiche, ma che deve essere risolta in modo approssimato, con la teoria delle perturbazioni.

Le più moderne teorie contengono al loro interno sia la teoria quantistica sia la teoria della relatività ristretta di Einstein, che sono considerate la base per ogni teoria consistente. Esempi sono l'elettrodinamica quantistica (dall'inglese quantum electrodynamics, QED) che descrive tutti i fenomeni elettromagnetici o la cromodinamica quantistica (dall'inglese quantum chromodynamics, QCD) che descrive l'interazione nucleare forte. Le prime equazioni quantistiche e relativistiche sono senz'altro quella di Klein-Gordon e quella di Dirac, rispettivamente per la descrizione di particelle con spin intero pari a 0 e per la descrizione di particelle con spin semi-intero pari a 1/2, come gli elettroni. Esiste anche l'equazione di Proca per particelle con spin intero pari a 1. L'equazione di Dirac, in particolare, ha introdotto due novità assolute. La prima è quella di includere automaticamente nella teoria lo spin delle particelle, come nuovo grado di libertà, senza dover essere aggiunto "a mano" come veniva invece fatto in precedenza. La seconda novità è quella di prevedere l'esistenza delle anti-particelle, legato al concetto di anti-materia. Infatti nella descrizione degli elettroni in teoria di Dirac si ha la presenza automatica della sua anti-particella, detta positrone (stessa massa, ma carica elettrica opposta), che verrà poi scoperta dallo studio dei raggi cosmici, nel 1932, da Carl Anderson.

Le particelle della natura

Siamo fatti di atomi, come la materia che ci circonda, ma quali sono, se esistono, le particelle che compongono gli atomi? Oggi sappiamo che esistono delle particelle elementari, puntiformi, che sono alla base di altre che sembravano essere "indivisibili", come appunto l'atomo, da cui deriva il nome stesso. Sappiamo che la materia che circonda è formata da tante molecole legate fra loro, noi stessi siamo composti da entità di rilevanza biologica, le cellule, a loro volta formate da molecole. Le molecole sono composte da due o più atomi tenuti insieme dall'interazione elettromagnetica (i cosiddetti legami chimici). Gli atomi, a loro volta, sono tutt'altro che indivisibili e sono composti da un nucleo centrale e da elettroni, particelle elementari, che orbitano attorno ad esso sempre grazie all'interazione elettromagnetica.

Un nucleo atomico è composto da protoni e neutroni (che non sono particelle elementari), detti nucleoni, tenuti insieme dalla forza nucleare forte. I nucleoni, a loro volta, sono formati da tre quark di valenza, particelle subatomiche elementari, e da un "campo di colore" formato da quark e gluoni (il gluone è il mediatore dell'interazione nucleare forte, come il fotone lo è per l'interazione elettromagnetica) che contribuiscono alla sua massa.

Le particelle elementari della materia si dividono in quark e leptoni e ne esistono sei tipi per ogni categoria. I sei quark sono: up (u), down (d), charm (c), strange (s), top (t) e bottom (b). I quark di valenza dei nucleoni sono solo due di questi, in particolare due quark u e un quark d per il protone e un quark u e due quark d per il neutrone. L'elettrone è un leptone, in particolare il più leggero tra i leptoni carichi. Gli altri leptoni carichi sono il muone (simbolo μ e massa di un fattore circa 207 rispetto a quella dell'elettrone) e il tauone (simbolo τ e massa di un fattore circa 3478 rispetto a quella dell'elettrone), mentre i tre leptoni rimanenti sono neutri e sono i tre neutrini (neutrino elettronico, neutrino muonico e neutrino tauonico). Possiamo dire quindi che le particelle fondamentali che compongono la materia che ci circonda e di cui siamo fatti anche noi stessi sono solo tre: elettroni, quark u e quark d. Tra le particelle elementari, in aggiunta a quark e leptoni, ci sono i cosiddetti bosoni di gauge, cioè i mediatori delle interazioni fondamentali (elettromagnetica, gravitazionale, nucleare forte e nucleare debole). I quark e i leptoni hanno una proprietà in comune, lo spin semi-intero, obbediscono alla statistica di Fermi-Dirac e sono perciò detti fermioni.

LE PARTICELLE DELLA NATURA

Le particelle di spin intero obbediscono alla statistica di Bose-Einstein e sono detti bosoni. Sono bosoni, ad esempio, le particelle mediatrici delle interazioni fondamentali. Quest'ultime sono, nel dettaglio, il fotone (mediatore dell'interazione elettromagnetica), il gluone (mediatore dell'interazione nucleare forte), i bosoni Z, W^+ e W^- (mediatori dell'interazione nucleare debole) e, ancora non osservato sperimentalmente, ma ipotizzato, il gravitone (mediatore dell'interazione gravitazionale). In sintesi si hanno sei quark, sei leptoni e sei bosoni mediatori delle interazioni fondamentali a cui si aggiungono le corrispondenti anti-particelle e il bosone di Higgs (ulteriore particella responsabile, nel modello Standard, della massa delle altre particelle, tramite un meccanismo di rottura spontanea della simmetria).

Nella vita quotidiana abbiamo a che fare, in pratica, con particelle formate da "solo" due tipi di quark (up e down), un solo leptone (l'elettrone) e,

LE PARTICELLE DELLA NATURA

per quanto riguarda le forze, il fotone (oltre alla gravità e dunque all'ipotetico gravitone). Esistono in realtà moltissime particelle formate da due quark (quark e corrispondente anti-quark), dette mesoni, e da tre quark, dette barioni, che non sono presenti stabilmente in natura. Sono particelle instabili, che hanno una vita media dopo la quale decadono, producendo, al loro posto, altre particelle che possono essere, a loro volta, stabili o instabili. Questo è uno dei motivi per cui non abbiamo a che fare direttamente, ad esempio, con muoni e tauoni. La vita media del muone, che si produce in continuazione negli urti dei raggi cosmici con l'atmosfera terrestre, è dell'ordine del milionesimo di secondo (circa 2.2 microsecondi), mentre quella del tauone è dell'ordine del decimillesimo di miliardesimo di secondo (circa 0.00029 nanosecondi). Il muone decade in elettrone e neutrini, mentre il tauone decade in muone e neutrini. Diciamo che in genere ogni leptone carico instabile decade nel leptone carico più leggero. I neutrini sono particelle che interagiscono molto poco con le altre (solo grazie a interazioni nucleari deboli o tramite interazioni gravitazionali, quest'ultime rilevanti solo in ambienti astrofisici con elevati campi gravitazionali e non vengono prese in considerazione in fisica delle particelle). Per questo motivo sono considerate particelle molto "elusive" (è difficile allestire esperimenti in grado di rivelarle). Una produzione consistente di neutrini si ha nelle stelle come il Sole o vicino a reattori nucleari, dove avvengono moltissime reazioni nucleari e decadimenti β.

Gli atomi sono formati da un certo numero di protoni, neutroni ed elettroni che ne determinano le proprietà chimiche e fisiche. Atomi con nomi diversi sono contraddistinti da un diverso numero di protoni (e quindi di elettroni, infatti un atomo è generalmente neutro, detto numero atomico e indicato con Z, mentre atomi con lo stesso Z, ma con diverso numeri di neutroni nel nucleo hanno lo stesso nome, ma sono detti isotopi. Si definisce anche il numero di massa di un atomo, simbolo A, che si ottiene sommando al numero atomico il numero di neutroni. Ad esempio un atomo di fluoro-18 (isotopo 18, instabile e quindi "radioattivo") contiene 9 protoni, 9 neutroni e 9 elettroni, mentre un atomo di ossigeno-18 (isotopo 18 stabile) contiene 8 protoni, 10 neutroni e 8 elettroni. Un atomo di fluoro-18 può tuttavia trasformarsi in ossigeno-18 tramite il decadimento β, in cui un protone del nucleo di fluoro (un protone libero non può decadere a causa delle leggi di conservazione) decade in un neutrone (che rimane nel nucleo), un positrone e un neutrino elettronico. Queste ultime due particelle vengono emesse dall'atomo e, in particolare, la prima, anti-particella dell'elettrone, può interagire con eventuali elettroni esterni, mentre il neutrino interagisce molto poco con la materia, come già accennato. Il fatto che un protone sia diventato un neutrone è sufficiente affinché l'atomo non sia più fluoro, ma diventi ossigeno (cambio di specie chimica). Nel decadimento β^- un neutrone decade in un protone, un elettrone e un anti-neutrino elettronico. A differenza del protone, anche un neutrone libero decade con questa modalità, con una vita media di poco più di quindici minuti, essendo la sua massa leggermente maggiore di quella del protone. Entrambi i decadimenti beta sono molto frequenti nei nuclei degli atomi presenti nelle stelle, dove le reazioni nucleari le mantengono letteralmente "in equilibrio", prevenendone il collasso gravitazionale. In alcuni processi si ha l'emissione di fotoni, come ad esempio nell'annichilazione di un elettrone e un positrone che vengono "distrutti" con conseguente creazione di una coppia di fotoni ad alta energia (e quindi alta frequenza, essendo l'energia E di un fotone legata alla sua frequenza ν dalla relazione $E = h\nu$, con h costante di Planck). Il fotone è la particella elementare, bosone di gauge, mediatore dell'interazione elettromagnetica. Esempi di radiazioni elettromagnetiche sono la luce visibile, i raggi X, le onde radio, le microonde, i raggi gamma, i raggi ultravioletti e quelli infrarossi. Nei vari casi elencati i fotoni che costituiscono le radiazioni elettromagnetiche hanno tutti frequenze diverse.

Un positrone emesso da un decadimento β^+, potrebbe attraversare la materia circostante, rallentare e annichilire con un elettrone circostante del mezzo. Si può dimostrare infatti, grazie alla fisica quantistica, che la probabilità di annichilazione tra elettrone e positrone è inversamente proporzionale alla loro velocità relativa. Quando un processo di questo tipo avviene all'interno del Sole, i due fotoni emessi dall'annichilazione, al contrario dei neutrini, non riescono a raggiungere facilmente la superficie del Sole, ma subiscono interazioni continue con le altre particelle circostanti, a causa dell'elevata densità del nucleo solare. I fotoni emessi dai processi fisici interagiscono, vengono assorbiti e ne vengono emessi degli altri, via via procedendo sempre più verso l'esterno del Sole fino a che, dopo molti passaggi, alcuni fotoni riescono a uscire dal Sole e propagarsi nello spazio circostante. Nel Sole si può stimare che un fotone percorra in media un centimetro prima di interagire, essere assorbito e dare luogo a un nuovo fotone. In questo modo, la stima del tempo trascorso da quando un fotone viene creato al centro del Sole a quando esce (non lo stesso fotone, ma l'ultimo di quelli prodotti dalla catena di reazioni) dalla sua superficie è dell'ordine delle decine di migliaia di anni (anche centomila anni). Per confronto, i neutrini provenienti dal centro del Sole impiegano un tempo dell'ordine dei dieci minuti per uscire, proprio grazie al fatto che essi interagiscono molto poco con la materia.

Per quanto riguarda i sei leptoni possiamo dire, in conclusione, che i tre tipi di neutrini, leptoni neutri, sono molto elusivi e sono necessari esperimenti specifici per rivelarli, hanno una massa quasi nulla e interagiscono solo gravitazionalmente (in presenza di forti campi gravitazionali) e debolmente (cioè tramite forza nucleare debole). I neutrini si producono, in genere, nelle reazioni nucleari β e nei decadimenti del muone e del tauone che sono i leptoni carichi "instabili" come detto in precedenza. Il leptone che ha una rilevanza maggiore per la vita quotidiana è dunque l'elettrone, che è stabile ed è parte essenziale della struttura atomica, oltre a essere, ad esempio, il portatore di carica nella corrente elettrica che utilizziamo ogni giorno in moltissimi ambiti di vita quotidiana. Il positrone può essere creato da vari processi fisici tra cui, ad esempio, il già accennato decadimento β^+.

Il fenomeno per cui un positrone emesso, dopo aver rallentato, si annichili con un elettrone del mezzo che incontra viene sfruttato nell'esame diagnostico medico detto PET (dall'inglese positron emission tomography). In questo caso un positrone viene emesso per decadimento da un radio-farmaco (contenente un radio-nuclide) e, dopo aver rallentato, si

LE PARTICELLE DELLA NATURA

annichila con un elettrone del nostro corpo per dare origine ad una coppia di fotoni anti-paralleli (dalla legge di conservazione della quantità di moto, infatti, durante l'annichilazione, l'elettrone e il positrone possono considerarsi fermi nel sistema del laboratorio). Questi due fotoni escono dal nostro corpo e vengono rivelati dal macchinario circostante, che ne ricostruisce la traiettoria e, verosimilmente, la posizione in cui il radio-farmaco si è depositato. Il radio-farmaco infatti, contenendo una molecola di glucosio inserita ad hoc, si deposita prevalentemente in zone ad alta richiesta di zuccheri, come ad esempio le cellule tumorali. La distanza tra il punto di deposito del radio-farmaco e il punto in cui avviene l'annichilazione tra il positrone e l'elettrone è dell'ordine dei centimetri e costituisce una delle sorgenti di errore nella localizzazione del tumore tramite questa tecnica.

In sintesi, tra i leptoni, i tre neutrini non hanno carica elettrica e sono neutri (non interagiscono infatti elettromagneticamente), l'elettrone, il muone e il tauone hanno invece carica elettrica negativa, in valore assoluto pari al valore della carica elettrica elementare, cioè

$$e = 1.602176634 \cdot 10^{-19} \text{ C},$$

dove C è la sua unità di misura, il coulomb (C) e infatti interagiscono anche tramite interazione elettromagnetica. I leptoni interagiscono tutti tramite interazione nucleare debole (ad esempio quando un muone decade in elettrone e neutrini) e interazione gravitazionale. Su quest'ultimo punto aggiungiamo che tutte le particelle possono interagire gravitazionalmente, ma gli effetti sono particolarmente evidenti solo in presenza di forti campi gravitazionali, come ad esempio quando si ha a che fare con un buco nero.

I sei quark possono interagire tramite tutte le quattro forze fondamentali e hanno carica elettrica frazionaria (rispetto alla carica elettrica fondamentale). In particolare i quark u, c, t hanno carica elettrica $2/3$, mentre i quark d, s, b hanno carica elettrica $-1/3$. In questo modo due quark u e un quark d hanno carica complessiva $+1$ $(2/3 + 2/3 - 1/3)$ e costituiscono il protone, mentre un quark u e due quark d hanno carica complessiva 0 $(2/3 - 1/3 - 1/3)$ e costituiscono il neutrone. I quattro quark, c, s, t, b, hanno una massa molto maggiore rispetto ai quark u e d. Riportiamo nelle Figure 4.1 e 4.2 i sei quark e i sei leptoni con le loro caratteristiche principali.

La conversione per la massa fornita in MeV/c^2 (megaelettronvolt su c^2, con c velocità della luce nel vuoto) in kg è la seguente

$$1 \frac{\text{MeV}}{c^2} \simeq 1.783 \cdot 10^{-30} \text{ kg},$$

e le cariche elettriche sono riferite alla carica elettrica elementare.

Tutti e sei i quark possono essere i costituenti di tantissime particelle (dette complessivamente adroni) non direttamente presenti in natura perché instabili (con vite medie molto piccole), ma che pos-

LE PARTICELLE DELLA NATURA

Nome	Massa	Carica	Spin
up (u)	2.2 MeV	2/3	1/2
down (d)	4.7 MeV	-1/3	1/2
charm (c)	1280 MeV	2/3	1/2
strange (s)	96 MeV	-1/3	1/2
top (t)	173100 MeV	2/3	1/2
bottom (b)	4180 MeV	-1/3	1/2

Figura 4.1: I sei quark.

sono essere create da collisioni ad alta energia, ad esempio negli acceleratori di particelle. I laboratori di tutto il mondo che ospitano degli acceleratori creare ogni giorno moltissime particelle di questo tipo, dalle collisioni di particelle stabili, come ad esempio protoni, elettroni e le loro anti-particelle. Gli adroni principali si dividono, come già accennato, in mesoni, formati da un quark e il corrispondente anti-quark, che schematizziamo nella scrittu-

LE PARTICELLE DELLA NATURA

Nome	Massa	Carica	Spin
elettrone (e^-)	0.511 MeV	-1	1/2
muone (μ)	105.66 MeV	-1	1/2
tauone (τ)	1776.8 MeV	-1	1/2
neutrino elettronico (ν_e)	$<1\times10^{-6}$ MeV	0	1/2
neutrino muonico (ν_μ)	<0.17 MeV	0	1/2
neutrino tauonico (ν_τ)	<18.2 MeV	0	1/2

Figura 4.2: I sei leptoni.

ra compatta $q\bar{q}$, e in barioni, formati da tre quark, che schematizziamo nella scrittura compatta qqq. Il protone e il neutrone sono barioni e si scrivono simbolicamente come *uud* e *udd*. Altri barioni prodotti e studiati agli acceleratori di particelle sono i seguenti:

$$\Lambda^0, \Sigma^0 \leftrightarrow uds, \quad \Sigma^+ \leftrightarrow uus,$$

$$\Sigma^- \leftrightarrow dds, \quad \Xi^0 \leftrightarrow uss, \quad \Xi^- \leftrightarrow dss$$

dove il carattere ad apice, accanto al simbolo, indica la carica elettrica, ottenibile sommando algebricamente le cariche dei quark che li compongono. Esempi di mesoni sono i pioni e i kaoni:

$$\pi^+ \leftrightarrow u\bar{d}, \quad K^+ \leftrightarrow u\bar{s}, \quad K^0 \leftrightarrow d\bar{s},$$

dove ricordiamo che l'anti-particella ha gli stessi numeri quantici della particella a cui si riferisce, ma carica elettrica opposta.

I quark isolati non possono essere osservati in natura, possono esistere solo legati ad altri quark (tramite l'interazione nucleare forte) per formare particelle, che siano "singoletti di colore". Il colore è infatti la "carica" associata alla forza nucleare forte come la carica elettrica lo è per l'interazione elettromagnetica (non ha niente a che vedere con il colore degli oggetti che osserviamo macroscopicamente).

LE PARTICELLE DELLA NATURA

Quando si cerca di separare due o più quark che formano una particella occorre fornire una grande quantità di energia tale da essere sufficiente a creare una nuova coppia di quark e anti-quark che si legano ai precedenti creando più particelle. In questo modo è dunque impossibile separare e trovare dei quark isolati.

Passiamo ora in rassegna i bosoni di gauge introdotti precedentemente, ovvero le particelle mediatrici delle interazioni fondamentali della natura.

Per la forza elettromagnetica si ha il fotone, che ha massa nulla ed è privo di carica elettrica. Per questo motivo non può interagire "direttamente" con un altro fotone. Esistono fotoni di varie frequenze che compongono il cosiddetto spettro della radiazione elettromagnetica, che va dalle onde radio, fotoni relativamente poco energetici, fino ai raggi gamma, relativamente molto energetici. I fotoni che hanno un'energia abbastanza elevata da poter "strappare" un elettrone ad un atomo costituiscono le cosiddette radiazioni ionizzanti e sono i più dannosi per il nostro organismo, perché possono innescare dei processi di mutazione genetica nelle nostre cellule o arrecare danni tali che possono portare all'insorgenza di un tumore.

I bosoni Z (con carica elettrica nulla), W^+ e W^- (rispettivamente con carica elettrica positiva e negativa) sono i mediatori delle interazioni nucleari deboli. Queste interazioni sono responsabili, tra l'altro, della radioattività e possono trasformare un quark di un tipo (detto "sapore": u, d, s, c, t, b) in un quark di un altro tipo.

Il gluone è il mediatore della forza nucleare forte e agisce solo tra particelle che hanno la cosiddetta "carica di colore", cioè i quark e le particelle formate da quark, cioè gli adroni. Il gluone non ha carica elettrica, ma possiede carica di colore. Per questo motivo un gluone non può interagire direttamente con un fotone, mentre invece due o più quark possono interagire direttamente tra di loro e questa è una delle grandi differenze formali tra la teoria quantistica e relativistica che descrive l'elettromagnetismo, la QED e quella che descrive l'interazione nucleare forte, la QCD. Un'altra differenza è che esistono 8 tipi di gluone, mentre invece del fotone ne esiste un tipo solo.

Il gravitone, infine, al momento solo ipotizzato, perché non è stato osservato sperimentalmente, sarebbe il mediatore dell'interazione gravitazionale. Non esiste ancora, ad oggi, una formulazione completa quantistica e relativistica della gravità.

Gli atomi e la materia

Tutte le cose che ci circondano sono formate da aggregati di particelle, dette atomi. Noi stessi siamo composti da atomi. Esistono poco più di un centinaio di atomi distinti e vengono raggruppati nella cosiddetta tavola periodica degli elementi. Gli atomi sono legati tra loro, grazie all'interazione elettromagnetica, per formare le molecole e questi legami sono detti legami chimici, ma non tutte le configurazioni immaginabili sono possibili. Esempi di molecole sono l'acqua, formula chimica H_2O, formata da due atomi di idrogeno (simbolo H) e un atomo di ossigeno (simbolo O) oppure l'anidride carbonica, formula chimica CO_2, formata da un atomo di carbonio e due atomi di ossigeno). Un atomo è composto da protoni, neutroni ed elettroni ed è generalmente neutro, cioè ha lo stesso numero di protoni e di elettroni (altrimenti si parla di ioni). Il numero di protoni in un atomo è detto numero atomico, Z, mentre la somma del numero protoni e neutroni è detto numeri di massa, indicato con A. Ogni atomo ha un nome che dipende essenzialmente dal numero atomico Z. Inoltre atomi con lo stesso numero atomico, ma diverso numero di massa sono detti isotopi (in pratica hanno stesso numero di protoni, ma diverso numero di neutroni). Ad esempio l'idrogeno, H, ha tre isotopi: l'idrogeno-1 (^{1}H), l'idrogeno-2 (^{2}H) e l'idrogeno-3 (^{3}H), dove vicino al nome (o in alto a sinistra del simbolo) si mette il numero di massa. L'idrogeno-1 ha 1 protone, 0 neutroni e 1 elettrone, l'idrogeno-2 ha 1 protone, 1 neutrone e 1 elettrone, mentre l'idrogeno-3 ha 1 protone, 2 neutroni e 1 elettrone.

GLI ATOMI E LA MATERIA

Questi ultimi due sono spesso indicati anche con i nomi alternativi di deuterio e trizio. Per fare un altro esempio, l'atomo che ha 8 elettroni, 8 protoni e 8 neutroni, con numero atomico 8 e numero di massa 16 è l'ossigeno-16 (^{16}O). Di solito quando si dice il nome dell'elemento senza aggiungere il numero di massa che ne identifica l'isotopo si intende quello più abbondante in natura.

Abbiamo accennato che i legami chimici sono di natura elettromagnetica, la grandezza fisica che un corpo o una particella deve possedere per interagire elettromagneticamente è la carica elettrica. In un atomo i neutroni sono complessivamente neutri, cioè hanno carica elettrica totale nulla, i protoni hanno carica elettrica positiva, pari a un'unità di carica elettrica elementare e gli elettroni hanno carica elettrica negativa, uguale in valore assoluto a quella dei protoni. La carica elettrica totale di un atomo si ottiene sommando le cariche elettriche di protoni e di elettroni. E' possibile cedere o togliere elettroni da un atomo, formando i cosiddetti ioni, positivi (in caso di rimozione di elettroni) o negativi (in caso di cessione di elettroni). Le radiazioni ionizzanti sono costituite da fotoni (particella mediatrice dell'interazione elettromagnetica) con energia relativamente alta tale da riuscire a ionizzare un atomo, durante il suo passaggio nella materia, strappandogli un elettrone. Un fascio di fotoni sufficientemente energetico può quindi strappare elettroni dagli atomi che incontra. Sapere cosa accade quando una particella attraversa la materia è importante anche nel processo di costruzione dei detector che si usano negli esperimenti di fisica moderni, nei laboratori di tutto il mondo. Il calcolo delle interazioni particella-materia è basato sul modello standard delle particelle che riunisce tre delle quattro interazioni fondamentali della natura e comprende la relatività ristretta e la meccanica quantistica.

La struttura di un atomo, formato da un nucleo

massivo centrale con protoni e neutroni ed elettroni che orbitano attorno ad esso è stata scoperta grazie agli esperimenti condotti da Rutherford. Prima si pensava che che l'atomo fosse composto da una distribuzione uniforme di carica positiva dove al suo interno era distribuite le cariche negative, il cosiddetto "modello a panettone" di Thomson. La scoperta avvenne grazie a fasci di particelle α (una particelle α è un nucleo di elio, cioè è composta da 2 protoni e 2 neutroni) inviati contro una sottile lamine d'oro. Secondo il modello di Thomson le particelle dovevano subire deviazioni a piccoli angoli dopo l'interazione con la lamina. Dagli esperimenti condotti da Rutherford si osservavano invece angoli di deviazione anche elevati, fino a 180°, compatibili solo con l'ipotesi dell'esistenza, all'interno dell'atomo, di una zona molto densa e molto massiva, quello che oggi sappiamo essere il nucleo.

L'atomo più leggero e più semplice è l'atomo di idrogeno, composto da un solo protone e da un solo elettrone. Se portassimo le dimensioni del nucleo fino a qualche centimetro di grandezza allora si potrebbe affermare che l'elettrone orbita, in proporzione, a circa 100 metri di distanza dal centro. Questa astrazione è utile per capire le distanze relative tra i costituenti dell'atomo. Il raggio di un atomo è dell'ordine di un decimo di miliardesimo di metro, mentre il raggio del nucleo è dell'ordine di un milionesimo di miliardesimo di metro, 100000 volte più piccolo. Possiamo quindi affermare con tranquillità che un atomo è per la maggior parte fatto dal vuoto. Sperimentalmente si osserva che il raggio del nucleo di un atomo dipende dal numero di nucleoni (così vengono chiamati sia i protoni sia i neutroni, cioè le particelle che stanno nel nucleo), il numero di massa A, e che l'andamento segue la radice cubica di A stesso. Il volume di una sfera di raggio R è dato dal prodotto di 4/3 per pi-greco (π, circa 3.14) per il raggio R elevato al cubo, cioè

$$V = \frac{4}{3}\pi R^3.$$

GLI ATOMI E LA MATERIA

Se stimiamo il volume del nucleo di un atomo e il volume dell'atomo stesso e ne facciamo il rapporto otteniamo un valore di circa un milionesimo di miliardesimo, cioè il nucleo occupa un volume che è soltanto una parte su un milione di miliardi del volume totale. Ricordiamo che due cariche elettriche dello stesso segno si respingono, mentre due cariche di segno diverso si attraggono. Come è possibile quindi che i protoni stiano tutti vicini a formare il nucleo insieme ai neutroni e che quindi la materia che osserviamo sia stabile? Questo è possibile grazie all'interazione nucleare forte, una delle quattro interazioni fondamentali. L'interazione nucleare forte ha un'intensità relativa, rispetto a quella elettromagnetica, di circa 100 volte. Per avere un'idea, l'intensità relativa tra interazione elettromagnetica e quella gravitazionale è di circa un miliardo di miliardi di miliardi di miliardi, un 1 seguito da 36 zeri, a favore di quella elettromagnetica. L'interazione nucleare forte tiene uniti, nel nucleo, protoni e neutroni, anche se la forza elettromagnetica tenderebbe a far allontanare i protoni fra loro. Il range tipico dell'interazione nucleare forte è dell'ordine del fermi (fm), con

$$1 \text{ fm} = 1 \cdot 10^{-15} \text{ m},$$

mentre il range di interazione dell'interazione elettromagnetica è infinito (come quello dell'interazione gravitazionale).

Gli elettroni orbitano attorno al nucleo grazie alla sola interazione elettromagnetica e sono particelle elementari, puntiformi. Gli effetti quantistici in questi contesti non sono trascurabili e per effettuare calcoli corretti occorre ricorrere all'equazione di Dirac o di Schrödinger, a seconda che gli effetti relativistici siano o non siano rilevanti. Già in una prima approssimazione non relativistica, usando l'equazione di Schrödinger, si ottiene che l'energia dell'elettrone non può assumere tutti i valori possibili, ma che essa è quantizzata, cioè può assumere solo certi valori multipli di un valore fisso.

Lo stato fondamentale del sistema corrisponde allo stato in cui gli elettroni hanno la più bassa energia consentita. In questo caso si dispongono sull'orbitale (detto anche livello energetico) libero a più bassa energia. Gli elettroni non possono stare tutti in uno stesso livello energetico, perché sono particelle, dette fermioni, con spin (momento angolare orbitale intrinseco) semi-intero (1/2) che seguono la statistica di Fermi-Dirac. Due fermioni identici non possono occupare lo stesso stato quantico. Nel caso degli elettroni, ogni livello energetico può essere occupato al più da due elettroni, uno con spin $+1/2$ e l'altro con spin $-1/2$. Un elettrone di un atomo a riposo può transitare verso un livello energetico più elevato, a seguito di un intervento esterno che fornisce energia. In questo caso il sistema tende sempre a tornare alla configurazione energetica più bassa. L'elettrone torna al livello energetico precedente, a più bassa energia, dopo un certo tempo caratteristico dell'atomo in questione, con l'emissione della differenza di energia tra i due livelli sotto forma di radiazione elettromagnetica (fotoni). La differenza energetica tra i vari orbitali dipende da atomo a atomo ed è nota grazie alle equazioni quantistiche. Sappiamo, ad esempio, che se scaldiamo con una fiamma il sodio-23, l'isotopo del sodio più abbondante e stabile, con simbolo chimico Na (formato da 11 elettroni, 11 protoni e 12 neutroni) otteniamo l'emissione di varie radiazioni elettromagnetiche dai vari salti tra i livelli energetici dei suoi elettroni. L'effetto complessivo corrisponde all'emissione di luce gialla visibile a occhio nudo. Il colore della luce dipende solo dalla frequenza dei fotoni che la costituiscono e ogni sostanza ha il suo spettro di emissione, cioè il suo insieme di frequenze che emette se riscaldato. Il fenomeno per cui l'elettrone torna nell'orbitale a più bassa energia possibile, dopo un certo tempo, sta alla base del funzionamento dei materiali fosforescenti. Questi assorbono l'energia della luce che li colpisce durante il giorno, che fa transire elettroni verso livelli energetici maggiori per poi riemettere la luce dopo un tempo medio molto lungo (anche di diverse ore).

La stabilità del nucleo di un atomo è legata al numero di protoni e neutroni che contiene. Se questi numeri non si discostano molto dai valori tipici di ogni atomo allora si ha stabilità, se invece c'è troppo squilibrio tra il numero di protoni e neutroni, l'atomo diventa instabile e decade spontaneamente, diventa cioè radioattivo. Per questo motivo non è possibile realizzare qualsiasi tipo di isotopo immaginabile, perché, fissato il numero di protoni (numero atomico), il numero di neutroni non può assumere valori arbitrari, altrimenti il nucleo diventerebbe instabile. Nel caso dell'idrogeno, l'idrogeno-1, che ha 1 protone e 0 neutroni, è stabile, come lo è anche l'idrogeno-2. In laboratorio è stato realizzato anche un idrogeno con 3 neutroni aggiuntivi rispetto al singolo protone nel nucleo (isotopo 4) che è risultato estremamente instabile. Il trizio è radioattivo, con un tempo di dimezzamento di poco più di 12 anni, cioè, in media, dopo 12 anni la metà di un campione di atomi di trizio decade in atomi di elio, emettendo elettroni e anti-neutrini (anti-particella del neutrino), tramite decadimento β^-. Gli elettroni emessi dal decadimento del trizio hanno un'energia relativamente bassa e la probabilità che possano penetrare la pelle umana, entrando nell'organismo, è abbastanza trascurabile. Il danno per l'uomo potrebbe essere invece molto elevato se il trizio decadesse direttamente all'interno del nostro corpo, ad esempio dopo essere stato ingerito. Più nel dettaglio, in un decadimento β^- un neutrone si trasforma in un protone, un elettrone e un anti-neutrino elettronico e avviene tramite l'interazione nucleare debole (una delle 4 interazioni fondamentali). grazie a questo processo nucleo di trizio (con 1 protone e 2 neutroni) diventa un nucleo di elio (con 2 protoni e 1 neutrone), con l'emissione aggiuntiva di un elettrone e un anti-neutrino. Le tre particelle prodotte non erano presenti precedentemente nel nucleo, ma vengono create a partire dall'energia di massa del neutrone che vale, dalla celebre formula di Einstein, $m_n c^2$, dove m_n è la massa del neutrone e c è la velocità della luce nel vuoto. Questo decadimento avviene anche spontaneamente a partire da un neutrone libero, perché la massa di un neutrone è leggermente superiore alla somma della massa dei prodotti (l'anti-neutrino, come il neutrino, ha una massa praticamente trascurabile rispetto a quella dell'elettrone che a sua volta è più piccola di un fattore 1835 rispetto a quella del protone che a sua volta è circa il 99.86% di quella del neutrone). Il decadimento inverso, detto β^+, prevede che un protone in un nucleo (stavolta non libero, perché la massa del protone è inferiore a quella del neutrone) si trasformi in un neutrone, 1 positrone (anti-particella dell'elettrone) e un neutrino, sempre grazie a un'interazione nucleare debole. Ogni isotopo instabile ha un suo tempo di dimezzamento. Ad esempio, l'idrogeno-4, prodotto artificialmente in laboratorio, ha un tempo di dimezzamento dell'ordine di 1 decimo di millesimo di miliardesimo di miliardesimo di secondo ed è dunque estremamente instabile. L'abbondanza isotopica in natura dell'idrogeno è la seguente: quello più abbondante, l'idrogeno-1, è presente per circa il 99.99% dei casi, mentre il deuterio è presente per il rimanente 0.01% dei casi. Il trizio (tempo di dimezzamento di circa 12 anni) è presente in natura solo se viene prodotto costantemente da qualche processo, come ad esempio l'interazione tra i raggi cosmici e l'atmosfera terrestre.

L'esistenza di isotopi instabili in natura viene sfruttata per la datazione di alcuni materiali. Ad esempio il carbonio, simbolo C e numero atomico 6, è presente in natura nei suoi isotopi stabili: carbonio-12 (abbondanza del 99% circa) e carbonio-13 (abbondanza dell'1% circa), contenenti, rispettivamente, con 6 e 7 neutroni. Il suo isotopo con 8 neutroni, il carbonio-14, è instabile con un tempo di dimezzamento di circa 5700 anni. Questo viene prodotto prevalentemente dall'interazione dei raggi cosmici con l'atmosfera terrestre e si lega con l'ossigeno formando anidride carbonica che viene usata, ad esempio, dalle piante per la fotosintesi. Il carbonio-14, grazie a questi processi, riesce a essere presente nei composti organici durante la loro vita (anche nel corpo umano, ad esempio con l'alimentazione). Quando un organismo muore cessano i processi che garantiscono la presenza costante di carbonio-14 al loro interno. Alla morte il carbonio-14 residuo decade con un tempo di dimezzamento di circa 5700 anni. Analizzando la presenza attuale del carbonio-14 è possibile datare materiali di origine organica. Questa tecnica è detta metodo di datazione con il carbonio-14 ed è usata spesso per datare reperti in archeologia.

www.ingramcontent.com/pod-product-compliance
Lightning Source LLC
Chambersburg PA
CBHW050242220526
45465CB00002B/523